神奇生物世界丛书

主　　编　　杨雄里

执行主编　　顾洁燕

夏日歌手

昆虫军团大揭秘

郝思军　编著

上海科学普及出版社

《夏日歌手——昆虫军团大揭秘》

编　　著　郝思军

序 言

你想知道"蜻蜓"是怎么"点水"的吗？"飞蛾"为什么要"扑火"？"噤若寒蝉"又是怎么一回事？

你想一窥包罗万象的动物世界，用你聪明的大脑猜一猜谁是"智多星"？谁又是"蓝精灵""火龙娃"？

在色彩斑斓的植物世界，谁是"出水芙蓉"？谁又是植物界的"吸血鬼"？树木能长得比摩天大楼还高吗？

你会不会惊讶，为什么恐爪龙的绰号叫"冷面杀手"？为什么镰刀龙的诨名是"魔鬼三指"？为什么三角龙的外号叫"愣头青"？

你会不会好奇，为什么树懒是世界上最懒的动物？为什么家猪爱到处乱拱？小比目鱼的眼睛是如何"搬家"的？

……

如果你想弄明白这些问题的真相，那么就请你翻开这套丛书，踏上神奇的生物之旅，一起去揭开生物世界的种种奥秘。

习近平总书记强调，科技创新、科学普及是实现创新发展的两翼。科普工作是国家基础教育的重要组成部分，是一项意义深远的宏大社会工程。科普读物传播科学知识、科学方法，弘扬渗透于科学内容中的科学思想和科学精神，无疑有助于开发智力，启迪思想。在我看来，以通俗、有趣、生动、幽默的形式，向广大少年儿童普及物种的知识，普及动植物的知识，使他们从小就对千姿百态的生物世界产生浓厚的兴趣，是一件迫切而又重要的事情。

"神奇生物世界丛书"是上海科学普及出版社推出的一套原创科普图书，融科学性、知识性、趣味性于一体。丛书从新的视野和新的角度，辑录了200余种多姿多彩的动植物，在确保科学准确性的前提下，以通俗易懂的语言、妙趣横生的笔触和五彩斑斓的画面，全景式地展现了生物世界的浩渺与奇妙，读来引人入胜。

丛书共由10种图书构成，来自兽类王国、鸟类天地、水族世界、爬行国度、昆虫军团、恐龙帝国和植物天堂的动植物明星逐一闪亮登场。丛书作者巧妙运用了自述的形式，让生物用特写镜头自我描述、自我剖析、自我评说、畅所欲言，充分展现自我。小读者们在阅读过程中不免喜形于色，从而会心地感到，这些动植物物种简直太可爱了，它们以各具特色的外貌和行为赢得了所有人的爱怜，它们值得我们尊重和欣赏。我想，能与五光十色的生物生活在同一片蓝天下、同一块土地上，是人类的荣幸和运气。我们要热爱地球，热爱我们赖以生存的家园，热爱这颗蓝色星球上的青山绿水，以及林林总总的动植物。

丛书关于动植物自述板块、物种档案板块的构思，与科学内容珠联璧合，是独具慧眼、别出心裁的，也是其出彩之处。这套丛书将使小读者们激发起探索自然和保护自然的热情，使他们从小建立起爱科学、学科学和用科学的意识。同时，他们会逐渐懂得，尊重与这些动植物乃至整个生物界的相互关系是人类的职责。

我热情地向全国的小学生、老师和家长们推荐这套丛书。

杨雄里

2017年7月

目　录

蜻 蜓

绰号：直升机

我的身材细长苗条，又有两对透明的翅翼，很像直升机。我在空中飞舞的时候和别的昆虫不一样，不但能直线飞行，还能做出很多飘忽变幻的高难度动作，比如上下盘旋，或者突然空中悬停，大概人类制造直升机的时候就是学我的这一招吧！

我还有一个绝招，叫做"蜻蜓点水"。只见我飞着飞着，突然冲向水面，弯着身体，把尾巴插到水里，然后一下子又飞到半空中；接着又一次冲向水面，尾巴再一次沾水，又立即飞起……这样的动作要连着重复好多遍。有人觉得我是在玩游戏，有人觉得我是在练习飞行，还有人觉得我是在喝水。他们说得对吗？

物种档案

"蜻蜓点水"的现象，实际上是蜻蜓在水中产卵的过程。蜻蜓的卵是在水中孵化成幼虫的，幼虫要经过约一年的时间才能长出翅翼来，变为我们熟悉的飞舞的蜻蜓。

蜻蜓最引人注意的就是那对大眼睛了，占据了蜻蜓脑袋的一半大小。它们看上去有一种奇异的光泽，好像会变色。原来，大多数昆虫的视力都不太好，但蜻蜓却与众不同，它不但视觉敏锐，还能分辨色彩呢！蜻蜓的大眼睛分成上下两部分。上半部分只能感受蓝天的颜色，下半部分却能够辨别好多种颜色。所以，蜻蜓看自己头顶上的飞虫，只能辨别出一个单色的点；而对于身体下面的虫子，却能将它们从花草泥土等环境中清晰地分辨出来，这样就能准确地捕食了。

蜻蜓还有一个习惯，就是每当闷热天气或者快要下雨时，常常成群在低空飞行。原来，这个时候许多小昆虫都因为空气潮湿而飞不高，飞不快，蜻蜓正好趁着这个机会能轻而易举地觅食。所以，夏天时，只要看到成群的蜻蜓飞得很低，往往就预示着马上要有一场雷阵雨降临了。

蟑 螂

绰号：小强

我就是传说中打不死的"小强"。虽然长得一点都不起眼，却有着超强的生命力。我什么都吃，饭菜瓜果，米面糕点，麻油和红糖是我的最爱。当然，没有这些美食我也不在乎，衣服、毛线、纸张、皮鞋都是我的食物，有时我还会啃啃肥皂。哪怕一点食物也没有，我也能饿着肚子挺过三四十天，我的生命力是不是很强啊！

我的身体扁平光溜，只要有一条细缝，就能钻进去。我头上有一对长须，肚子下还有一对尾须，周围的任何动静都逃不过它们的探测。还有，我爬行的速度可快了，而且还会游泳，到了危急时刻，还能展开双翅，飞上一小段距离。

蟑螂的学名叫蜚蠊，最大的蟑螂有七八厘米长，最小的不过3毫米长，不过它们的长相大多非常相似。

蟑螂白天隐藏在黑暗的角落或缝隙里，到了傍晚时分开始出来活动，快要天亮时就会重新躲到阴暗的地方。蟑螂有一个坏名声，因为它经常偷吃各种食物，同时还四处排泄，污染食品，传播疾病，严重危害人们的健康和生活。除此之外，蟑螂也经常噬咬衣物、书籍、皮具，破坏力很强，对人们的生活影响很大。由于蟑螂的生命力非常强，即便在缺水少食的情况下也能长期生存，而且它的繁殖速度很快，所以几乎遍布全世界。幸好，在所有4 000多种蟑螂中，只有几十种和人们的生活有关，其余大多数蟑螂都生活在野外的自然环境中。

蟑螂还是一种非常古老的昆虫，早在3.5亿年前它们就生活在地球上了，比恐龙出现的年代还要早。从化石上看，原始的蟑螂在形态上和现在的蟑螂没有太大的区别。这也从一个方面说明，蟑螂经历了亿万年的演化，适应环境的能力确实非常强。

螳 螂

绰号：大刀

人们常称我为昆虫界的武林高手。瞧瞧我这对前足，又宽又长，上面还长着两排锋利的锯齿，是不是很像武士手中的大刀啊？

我的"大刀"可不是摆设，我就是用这件武器来捕捉猎物的，什么蝗虫、苍蝇、蛾子、蝴蝶，不管是飞的、跳的还是爬的，只要从我眼前过，就别想逃过我的快刀。

看看我的捕猎招式吧：先要昂起头，将两把大刀高高举起，静止不动，耐心等待猎物。如果有猎物出现，我会微微地转动头部，用我那对大眼瞄准目标，然后飞快地挥动大刀，一下子就能击中目标，大刀配合足尖上的钩子将猎物死死锁住。想知道我的出刀速度有多快吗？只要0.05秒，那些猎物还没反应过来就已成了我的刀下鬼了！

物种档案

大多数螳螂体形都比较大，专门以捕食其他昆虫为食，几乎不吃植物，这种"肉食性"在昆虫界是比较少见的。一只螳螂每天都能捕食约10只各种昆虫，如果食物缺少时，性情凶猛的螳螂甚至会残杀同类为食。

螳螂善于捕虫，不仅仅是因为天生有用于捕猎的刀状前足。它长着一对大大的复眼，每只复眼都由几千个小眼组成。当有飞虫从螳螂面前掠过时，它会转动三角形的脑袋，复眼中的小眼就像许许多多微型照相机，迅疾记录下飞虫的位置；同时，螳螂头部的转动还会触动头颈部的敏感触毛，以此来确定猎物飞行的方向。螳螂的大脑在接收到来自复眼和触毛的信息后，立即做出准确判断，在极短时间里"指令"一对大刀迅速出击。正是因为它"配备"了如此精准的瞄准器，因此常常能一击而中。不仅如此，许多螳螂的身体颜色常常和环境非常相似，甚至有的螳螂把自己装扮成兰花、树叶或树枝，使得情况不明的小昆虫们难以发觉危险。

有了这么多精妙的捕猎本领，难怪螳螂的捕虫效率实在是高啊！

白蚁

绰号：建筑大师

我们虽然一个个都很小，但有成千上万的兄弟姐妹，力量就很大了。我们建造的城堡各式各样，有宝塔形的，有圆锥形的，还有蘑菇形的，最高的足有四五米高，就像一幢摩天大楼；有的城堡宽三四米，而且还有"地下室"呢。

建造这些城堡可不容易啊，我们不知疲倦地搬来微小的泥土、沙粒、木屑、草茎，用我们的唾液把它们粘起来，一点一点搭建起来。城堡里不但有大大小小的房间，还修建了许多弯弯曲曲的通道，四通八达，就像迷宫一样。最重要的是，城堡里还有上下直通的排气管，能把城堡里的热气排出去，这样，即便外面的天气再热，城堡里也像装了空调一样舒服。

物种档案

白蚁属于等翅目昆虫，虽然名字里有个"蚁"字，但实际上和蚂蚁并不是亲戚。白蚁长着两对大小和形状都一样的翅，而大多数蚂蚁的翅已退化，即使有，也是前翅比后翅大。

世界上有2 000多种白蚁，生活的范围非常广阔，从沙漠到草原，从森林到城市，不同种类的白蚁以不同的方式生存着。沙漠里的白蚁常常修起高大的塔状蚁穴，里面可以居住几百万只白蚁；生活在草原上的白蚁建造的蚁穴往往是低矮的山丘状，也有的会向下挖出地下蚁穴；栖息在树木上的白蚁喜欢把树干蛀空，"改造"成自己的住所；而在城市中，白蚁往往隐藏在一些木结构的建筑内，靠蛀食木材中的纤维为生。由于它们繁殖很快，数量众多，所以能轻而易举地将房屋的梁柱、家具、地板等全都蛀烂，具有很强的破坏力。

不过，白蚁喜欢吃木质纤维的特性，在大自然中却是一件好事，因为这能使大量腐烂或废弃的木材被快速而彻底地分解，从而维持了自然界的生态循环。

蝗 虫

绰号：飞行扫荡者

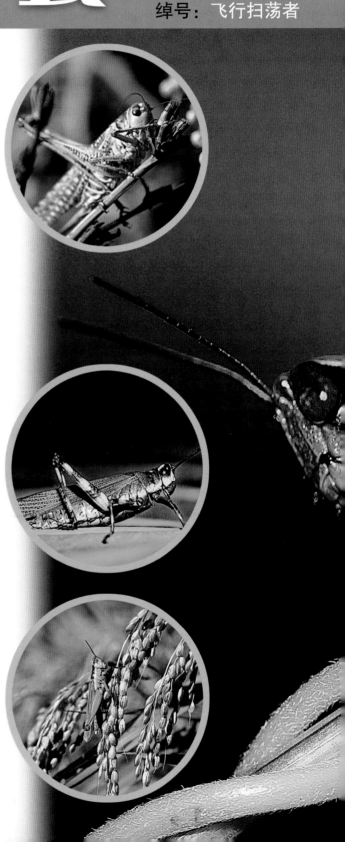

我长着一副坚硬的大板牙，牙齿的顶端非常锋利，能轻松地切断和撕碎植物的茎叶；牙齿的后面能快速地把食物磨得粉碎，便于消化。有了这副好牙口，我咬起东西来"咔嚓、咔嚓"，可厉害了！

我最喜欢的食物就是田野里的各种粮食作物，像水稻、麦子、甘蔗、大豆、棉花，还有芦苇、稗草等禾草，都是我的美食。我的胃口可大了，可以不停地嚼食几个小时。而且，我常常和许许多多同伴结成大群，长距离地飞行，天空中密密麻麻到处都是，那情景可壮观了。只要我们发现下面有农田，就会呼啦啦扑下去，连啃带咬，一顿猛吃，只要几十分钟，就能把这些庄稼吃得一干二净，只留下光秃秃的秸秆，整个田地就像被扫荡过一样。

物种档案

蝗虫是最典型的直翅目昆虫。它们后腿发达，善于弹跳，能一跃跳出数十倍于体长的距离。雄性的蝗虫会发出声音，通常是后腿和前翅摩擦产生的。当它们在飞行时，前后翅之间的摩擦也会发出"噗噗"的响声。不过，雌蝗虫是不会发声的。飞行也是蝗虫的强项。蝗虫在迁飞的时候常常由几百万只组成庞大的集群，每小时能飞行约10千米。当巨大的蝗虫群从空中掠过时，简直是遮天蔽日。如果发现农田或草地，成群的蝗虫会像旋风般呼啸而下，在它们大肆掠食过后，常常只留下一片荒芜，造成粮食颗粒无收。这就是"蝗灾"。

有意思的是，蝗灾常常发生在气候干旱的年份，天气越热越干旱，蝗灾发生的可能性就越大。原来，蝗虫喜欢干燥温暖的环境，在干旱的季节里，它们吃的植物水分较少，这更有利于它们的繁殖和生长。反过来，如果遇到多雨和湿润的年份，蝗虫的繁殖就会受到影响，还会遭遇各种疾病的侵害。同时，鸟类、蛙类等蝗虫的天敌更加适应湿润的气候环境，这就大大降低了蝗虫成灾的可能性。

蝈蝈

我们昆虫家族里有很多"音乐家"，可是我要说自己排在第二，就没有谁敢说排第一了。我的声音不但响亮持久，而且一会儿高亢，一会儿低沉，有时叫声急促，有时鸣唱悠缓，真的很动听哦！

当遇到另一只雄蝈蝈时，我们会先相互发出挑战的鸣叫，叫声犀利而响亮；如果遇到一只漂亮的雌蝈蝈，我就会发出柔和的叫声，而且一唱就是几个小时呢。还有，如果发现有危险临近，我会发出短促的警报声，通知同伴赶紧逃离或躲藏。

我的歌声全都来自前翅的摩擦。左边的翅上有一排突起，上面有很多小齿，就像琴弦；右边的翅边缘很硬，就像弹拨琴弦的刮器。整个夏天，我都会不知疲倦地斜竖起双翅，摩擦几千万次，发出自然界最美妙的声音。

物种档案

蝈蝈和蝗虫都是直翅目的昆虫，长得也有点像，但蝗虫的触角比较短，不超过身体长度；蝈蝈的触角是丝状的，又细又长，远远超过了身体的长度。蝗虫的身体比较坚硬，体形粗壮；而蝈蝈的身体则比较柔软，体形扁瘦。

蝈蝈是螽斯科昆虫的一种，在这个类群里，有许多出名的昆虫"歌手"，如纺织娘、绿螽斯、似织、草螽等。它们的外形比较接近，都善于鸣叫，但不同的种类叫声的高低和节奏却有所区别：蝈蝈的叫声常常是"果果，果果"，声音响亮；纺织娘的叫声是"织织，织织"，好像织布机发出的声音，它也因此而得名；绿螽斯的叫声是"扎织，扎织"，声音悠长；似织的叫声是"似扎，似扎"，好像在叫自己的名字；草螽的叫声则是"丝丝，丝丝"，中间还时有停顿。

由于蝈蝈善于鸣叫，在各种昆虫里首屈一指，所以自古以来人们就有把它作为宠物饲养的习俗，特别是在中国北方更为普遍，还有专门给蝈蝈住的葫芦或瓶罐，制作得十分精美。夏日里，听听蝈蝈动听的叫声，是一种轻松的休闲方式。

蟋 蟀

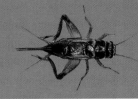

绰号：斗王

　　我是昆虫界有名的"斗王"，天生好斗。遇到不服气的对手，我会先昂起头，振翅鸣叫上几声，既鼓舞自己的士气，也威吓一下敌人。如果对手还不知难而退，我就会用我那比身体还长的触须，左右上下地试探一下，确认对手的方位，然后蹬腿用力，左跳右闪，朝对手猛扑上去。我长着一副宽阔、坚硬的牙齿，争斗时左右张开，像一把钳子，一旦夹住对方的牙齿，就死死咬住，比一比谁的力气更大！有时候，我也会灵活出击，瞅准时机，一口就能把对手的大腿咬下来，打得对方落荒而逃。

　　战斗胜利了，当然要庆祝一下，这时候，我又会昂起头，叫上几声，嚁——嚁——嚁……

　　并不是所有的蟋蟀都喜欢打架，只有雄蟋蟀好斗，这主要是因为它长期生活在石缝、地下，喜欢独自生活，不和其他同类来往。所以一旦遭遇其他蟋蟀，就会为争夺地盘而打斗起来。有时候，雄蟋蟀之间大打出手，也有可能是为了争夺雌蟋蟀。要分辨蟋蟀的雌雄很容易，雄蟋蟀的尾巴上长着两根尾须，而雌蟋蟀的尾部中间还多长了一根产卵管，所以看上去就像是三根尾须。

　　蟋蟀不但好斗，还是出了名的昆虫"歌手"，它的声音清脆响亮，十分动听。不过，蟋蟀的鸣叫声可不是从嗓子里发出来的，而是靠两片透明的前翅不断相互摩擦来发声的。原来，它的前翅基部有一条弯弯的突起，双翅摩擦时就会产生振动，从而发出一阵阵悦耳的声音，这就叫"振翅鸣叫"。而且，蟋蟀在鸣叫时，前翅和身体的角度会有所不同，摩擦的频率也不同，所以就能发出不一样的音调了。

　　蟋蟀的后腿十分发达，强健有力，善于弹跳。它的前肢主要用于支撑和爬行，有趣的是，前肢的小腿上还长着一对听觉器官，也就是蟋蟀的"耳朵"。

蝉

夏天到了，躲在树杈上的我就开始唱起了歌。"知了，知了……"，怪不得人们干脆把我叫做知了呢。我可以从早唱到晚，天气越热，我唱得越欢。整个夏天，树丛里，池塘边，总是能听到我的歌声。如果秋天到了，天气开始发冷，寒风一起，我就不再唱歌了，所以有人用"噤若寒蝉"来比喻不敢发出声音。

蝉一到夏天就开始鸣叫，是因为它的繁殖季节到了。只有雄性的蝉才有发音器，雌蝉是不会叫的。雄蝉高声鸣叫，就是为了吸引雌蝉。到了秋天，蝉的交配季节已经过去了，所以此时的蝉再也不发出声音了。

蝉交配后不久，雄蝉的生命周期就结束了，雌蝉在把卵产在树枝上后不久也会死去。卵在温暖的太阳照耀下渐渐孵化成幼虫，这些幼虫常常带着细丝状的外皮，从树枝上悬垂下来。然后，幼虫会落到地上，钻入树根周围的泥土，开始了长达数年的地下生活。时间最长的一种蝉，它的幼虫居然要在地下待上17年之久！

经过漫长的地下生活，蝉的幼虫从地下钻出来，开始沿着树干往上爬。幼虫在地下生活和爬出地面以后，前前后后一共要经历7次蜕皮，每蜕一次皮就长大一圈，直到最后一次蜕皮，幼虫费力地从包裹得像衣服一样的壳里钻出来，舒展身体，现出两对膜质透明的翅，直到这时，它才变成一只成虫。不久以后，你就能听到它在枝头上大声歌唱了！

其实，要说我是歌手，不如说我是一个鼓手，因为我的肚子上天生有一对"鼓"。"鼓"的外面是两块半圆形的盖板，里面有一层弹性鼓膜，只要我收缩肌肉，鼓膜就会振动，发出声响。这个声音在盖板下面弹来弹去，产生了共鸣效果，结果声音就被放大，变得非常响亮了。

萤火虫

绰号：亮亮

我喜欢生活在温暖湿润的树林里，最好是在河流的两岸。在夏季，白天，你们可看不见我的踪影，不过，到了夜晚，树荫下，草丛间，一闪一闪在夜空中飞舞的，就是我和小伙伴们的身影啦。

可别以为我在黑夜里发出荧光，是在给自己照明，其实我是在寻找女朋友呢。我飞啊飞，找啊找，使劲地发出亮光，就是为了吸引雌萤火虫。它们在哪里呢？啊哈，我看见了，前面树枝上，有一点点亮光，一闪一闪的，一定是一只漂亮的雌虫，它是在召唤我呢。

有时候，我和成百上千个同伴一起停歇在树上，大家同时发出光亮，又同时熄灭，那情景，才叫好看呢！

　　顾名思义，萤火虫是一类能发出荧光的甲虫。它们通常昼伏夜出，所以它们发出的荧光在夜空中就更显眼了。萤火虫的腹部有一种特殊的发光器，由上万个发光细胞组成，细胞里面有能产生荧光的化学物质。当萤火虫体内的氧气充足时，这些化学物质就会和氧气结合，发出荧荧的光亮。氧气越充足，荧光就越明亮。不过，由于萤火虫飞舞时是一呼一吸的，吸气的时候氧气多，荧光强；呼气的时候氧气少，荧光就暗掉了。所以，萤火虫发出的荧光总是一明一暗，看上去就像是一闪一闪的了。而且，萤火虫不但成虫有发光的本领，就连它的卵、幼虫和蛹也都能发光。

　　不同的萤火虫能发出不同的荧光，有的是白绿色的，有的是淡黄色的，还有橘红色和蓝色的呢，而且它们闪光的亮度和时间长短也不一样。除了用荧光来吸引异性，萤火虫有时候也能靠荧光起到防御敌人的效果。

　　由于萤火虫发出的光是一种"冷光"，不产生热量，所以是一种非常有用的生物光源，科学家已经提取出萤火虫的发光物质，将它应用在许多方面。

七星瓢虫

绰号：黑斑红

看看我的身体，背面拱起来呈半球形，看上
去有点像用来舀水的水瓢，所以被叫做瓢虫。说
到"七星"，当然是因为我的背上有7个黑色的
斑点，在红色的背上格外醒目。其实，我的背并
不是一块固定的甲壳，而是由两片坚硬的翅拼合
而成的，最中间的那个斑点一半长在左翅上，一
半长在右翅上，两半翅膀并拢，就组成了一个圆
圆的黑斑。

别看我是个不到1厘米长的"小不点儿"，
但却是有名的害虫杀手。我最喜欢吃的食物，就
是藏在农作物身上的蚜虫。像棉蚜虫、菜蚜虫、
麦蚜虫、桃蚜虫这些坏蛋，总是寄生在植物的嫩
叶上吸取汁液。不过，只要有了我，这些害虫一
个也别想逃掉，农作物就能健康生长了。

物种档案

瓢虫的种类非常多，有超过5 000种。我们可以通过它们背上的斑点数量来区分，比如，
除了最常见的七星瓢虫，还有二星瓢虫、四星瓢虫、六星瓢虫、九星瓢虫、十星瓢虫、十一
星瓢虫、十二星瓢虫、十三星瓢虫、十四星瓢虫、二十八星瓢虫等。还有许多瓢虫背上并不
呈现出明显的斑点，它们颜色各异，花纹奇特而复杂，如大红瓢虫、红环瓢虫、纵条瓢虫
等。大多数瓢虫都是农业益虫，只有二十八星瓢虫、大豆瓢虫等少数种类会危害农作物。

瓢虫长着两对翅，外面的一层变成了硬甲状，能起到保护作用，叫做鞘翅，它们大多色
泽鲜艳。除了坚硬的外壳，瓢虫还有一种特别的防身手段：当它们遇到敌害时，会从脚关节
处分泌一种黄色液体，发出难闻的气味，从而赶走敌人。

在瓢虫的硬翅下面，藏着一对薄膜状的软翅。通常，瓢虫紧闭硬翅，在植物上爬行觅
食。当它需要飞行时，会展开外面的硬翅，用里面的一对软翅来飞行。当它们集群迁飞的时
候，常常会在天空中呈现出一大片红色，蔚为壮观。

金龟子

我的背上有硬硬的壳，有点像乌龟；这些外壳表面很光滑，常常有金属一样的光泽，所以我就叫"金龟子"了。

我们背上的硬壳其实和瓢虫差不多，也是一对前翅左右拼合成的，不过，我们可没有瓢虫那样多的斑斑点点。大多数金龟子的背上看上去是亮光光的铜绿色，也有一些背壳的颜色是暗绿色、黑褐色或茶褐色的。硬壳不能用来飞行，但能很好地保护肚子。展开藏在硬壳下的后翅，比上面的那对硬壳大多了，这样我就能飞得很远。不飞行的时候，我会小心翼翼地把这对薄薄的翅折叠起来，藏在硬甲下面。

我吃的东西可杂了，不过最喜欢的还是果树的嫩枝嫩叶。就因为这个，我被归入了"害虫"之列……

物种档案

金龟子是一大类鞘翅目金龟子科昆虫的总称，全世界约有30 000种之多。它们通常头部比较小，胸腹部宽大。它的触角非常有特色，由很多节组成，可以展开或收拢，外形很像鱼鳃，所以称为鳃叶状触角。

金龟子的幼虫长得白白胖胖，身体弯成一个"C"字形，在土壤中生活，以植物的根、幼苗或地下茎为食。幼虫结茧、化蛹直到长出翅膀，钻出地面，才成为一只成虫。金龟子成虫主要吃各种果树、林木和农作物的枝叶，常常把叶片咬得全是空洞，就像一张破网。金龟子成虫仍然有不少时间在地下活动，或许正是因为它们从幼虫开始就习惯了黑暗的生活环境，所以大多数金龟子都喜欢在夜间出没，而且有一种本能的趋光性。无论是幼虫还是成虫，金龟子都是一类严重危害农作物的害虫，这是和大多数瓢虫不一样的地方。

有些金龟子还有"装死"的本领。如果它发觉周围环境突然有动静，就会吓得从树上掉下来，落在地上，一动不动，即便轻轻触碰它也毫无反应。也许，它靠这一招就能躲过天敌的侵害。

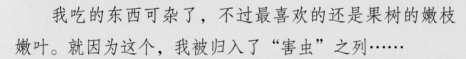

屎壳郎

绰号：清洁工

　　我喜欢推粪球，完全是为了今后的宝宝啊。而且，别人觉得臭烘烘的粪堆，对于我来说却是营养丰富的美餐哦。

　　说到推粪球，那可是一个技术活儿。先要用头把粪堆聚集起来，再用前脚把它拍打紧实，形成一个球形。然后，滚粪球就开始了。我会反转身体，前脚着地，后脚抬高，蹬在粪球上，使它滚动。

屎壳郎的名字里虽然有一个"螂"字，却和螳螂、蟑螂没有什么关系，而是和瓢虫、金龟子同属于鞘翅目。它的学名叫蜣螂，长得头宽体圆，头上还有一排钉耙状的硬角。它的前足又扁又宽，就像一把铲子，既适合挖掘，又方便拍打，实在是推粪球的最佳工具。

屎壳郎推粪球虽然是繁殖后代所需，但无意间却能够起到清洁自然界动物粪便的作用，所以被称为"清洁工"。澳大利亚草原上生活着许多牛羊，还有大量袋鼠，它们的粪便清理起来可不是一件容易的事。幸好，草原上还生活着无数屎壳郎，它们不知疲倦地将动物粪便推成粪球，变成了自己的食物，而广阔的草原也因此被清扫得干干净净。有趣的是，土生土长在澳大利亚的屎壳郎只对袋鼠的粪便感兴趣，对牛羊的粪便"不闻不问"，因此造成了严重的草原粪便污染问题。怎么办呢？澳大利亚的生物专家了解到，中国有一种"神农蜣螂"，特别喜欢牛羊粪便，于是连忙将它们引进到澳大利亚。结果这些外来的屎壳郎果然发挥了作用，很快就消灭了草原上的牛羊粪便。

小粪球在滚动时沾上了更多的粪和草叶，就会越来越大。当把它推到目的地后，我就先在泥地里挖个洞，在洞里产卵，然后把粪球推到洞里，再用土埋好。以后，我的宝宝从卵变成幼虫后，就可以躲在粪球下，以粪球为食，直到它在泥土下化成蛹，时间再长也不会挨饿了。

独角仙

绰号：坦克

我头前面的长角就像是坦克炮，我背上的短角就像是机关枪，还有我全身都披着黑褐色的硬壳，就像是威风凛凛的坦克装甲。要说我这身装备，可不是装装样子的。一般的昆虫看到我的架势，早就躲得远远的了，哪里还敢前来挑衅。

如果碰到另一只雄独角仙，大家都不退让，一场战斗看来就难以避免了。我会先摆动一下头上的长角，再把肚子收紧，发出几声怪叫。如果对手还不退让，那就只能先发制人了。我会低下头，向前猛冲几步，趁它还没反应过来，一下子将长角插到它的肚子下面，一使劲，就把它挑了起来，掀翻在地。这一招，是不是很有古代大将军的风采啊！

物种档案

独角仙是最典型的甲虫之一，全身披着硬甲，最特别的是头部向前长出一个很长的角状突起，长角的顶端还分成几个尖叉，因此而得名。其实，除了头顶的长角，它胸部背面的硬甲上还长着一个短刺状的角，顶部同样也分叉。这个长相，多少让人联想到犀牛，所以也有人把独角仙叫做"犀金龟"。

独角仙有很多种，它们一般体形较大，光是身体就有3～6厘米长，最大的可以达到9厘米。不过，只有雄性的独角仙才有威风的长角，雌独角仙只是在头胸部有几个小突起。

独角仙有一类亲戚，叫做锹甲，也长着奇特的"角"。不过，锹甲的角一左一右，看上去更像是一对鹿角，角的上面常常有突起的齿，或者还有叉状分支的小犄角。锹甲的角很长，几乎和身体长度相近。和独角仙一样，雄性的锹甲之间也常常为了食物或雌锹甲而争斗，它们会用那对形似钳子的长角夹住对方，直到对方伤痛难忍而逃跑。

有一种彩虹锹甲，它身上的花纹真的像彩虹一般美丽，被称为"最漂亮的甲虫"。

天牛

绰号：钻木虫

　　人们把我叫做天牛，难道是因为我长着一对弯弯的长角，和水牛角有点像吗？

　　我们天牛家族有20 000多种，最小的只有四五毫米，比蚂蚁还小；最大的超过10厘米，可算是昆虫里的巨人了。不过，不管个头大小，我们几乎都长着一对特别长的触角，它们就像两根长长的"辫子"，上面还有一节一节的花纹。

天牛的上颚非常强健，能轻而易举地咬破树皮，甚至在树干上钻出洞来。天牛靠这种方式把卵产在树干的孔洞、槽缝里面。令人惊奇的是，天牛在幼虫的时候就善于在木材中钻孔，它们同样长着发达的上颚，起初只是在树皮下吸取汁液，随着上颚日渐生长，开始向树干的木质部分深入，在树干中挖出各种形状和距离的"隧道"。更绝的是，天牛幼虫长到一定程度，还会向外挖出通道，一方面便于通气，一方面可以把累积得越来越多的排泄物和细碎的木屑推出树皮外，以免"隧道"内堵塞。正是由于天牛这种天生的"钻木"习性，许多树木遭到了严重的破坏。

天牛还有一个特别之处，就是会发出两种完全不同的声音。它的胸部有一种特殊的板状发音器，当它爬在树干上停歇的时候，这些发音板相互摩擦，会发出"喀吱喀吱"的声音，很像是在用锯子锯木头。当它飞在空中的时候，硬质的前翅展开不动，里面的膜质后翅快速摩擦，会发出"嗡嗡"的声音。

有一种长角灰天牛，触角的长度相当于身体的5倍呢！我的触角不但很长，还能灵活地前后转动，所以你看到我的时候，会发现我的"长辫子"不是像其他昆虫那样总是指向前方，而是常常朝后覆盖在背上。

我们的背翅大多是黑色的，上面有白色的花纹，这种黑白相间的样子和奶牛有点相似，这是不是人们把我叫做"牛"的另一个原因呢？

蝶

绰号：飞花

你一定非常喜欢蝴蝶吧？我们可是昆虫家族里的大美人。瞧瞧我们的翅膀，又轻盈，又漂亮，不但色彩鲜艳，还有各种奇特的图案呢。难怪大家都夸我们是"会飞的花"。

天气晴朗的时候，我们总是翩翩起舞，到花丛中去采花传粉。即使有时候天空中下着蒙蒙细雨，还是会有一些小伙伴在花丛中飞舞。你一定会想，难道它们不怕雨水打湿了漂亮的翅膀吗？

其实，我们的翅膀上覆盖着一层密密麻麻的细小鳞片，里面含有好多种色素，在阳光卜，这些小鳞片会反射出闪亮的光泽，所以我们的翅膀才会显得五颜六色。而且，这些小鳞片还有防水的作用，所以在雨天飞舞，翅膀也不会沾水。不过，如果雨真的很大，最好还是别出去了，万一翅膀上的鳞片被雨滴打掉了，可就再也长不出来了。

物种档案

蝴蝶和蛾子都属于鳞翅目昆虫。顾名思义，它们和其他昆虫最大的区别就是翅上布满小鳞片。蝶和蛾总共有近20万种，其中，蛾类要比蝶类多得多。

很多人常常觉得蝶和蛾很相像，分不清它们有什么区别。有人以为，色彩鲜艳的就是蝴蝶，颜色单调的就是蛾子。事实真是这样吗？

在自然界中，蝶和蛾在许多方面都有所不同。比如说，蝶在静息时，翅通常是竖立起来的；而蛾的翅要么平展，要么相互叠盖。蝴蝶一般在白天活动，而蛾大多喜欢夜晚出没。如果仔细比较一下蝶和蛾的长相，触角形状是棒槌状的一定是蝶；蛾的触角各种各样，有的像羽毛，也有的像细丝或串珠，但却没有棒槌状的。大多数蝶的翅确实色泽亮丽、五颜六色，而且身体比较纤细，但也有像菜粉蝶那样的粉白色；而蛾的身体常常比较粗壮，翅的颜色也比较暗淡，不过，也有一些蛾非常漂亮鲜艳，如大蚕蛾。

了解了这么多蝶和蛾的特点，下一次再看到它们，你一定能分辨出它们是蝶还是蛾了吧！

蛾

绰号：扑火者

　　我们蛾子和蝴蝶长得很像，不过，我们大多喜欢夜里出来活动。很早以前，我们就已经习惯靠月亮的位置来确定方向了。在夜空中飞舞时，只要和月亮保持一个固定的角度，就能飞成一条直线，而不会迷失方向。这种"天文导航"的本领是不是很高明啊？

　　可是后来，地球上到处都有火光了，再后来，又出现了更多的灯光。这下可坏了！许多小伙伴常常把火光或者灯光当成是月光，和这些亮光保持一定角度飞行。

物种档案

蛾和蝶一样，一生要经历一个很长的变化过程：从很小的卵先孵化成幼虫，幼虫经过几次蜕皮，越来越大，成熟后化成蛹，再由蛹羽化为成虫。和蝶不同的是，蛾在化蛹时常常结成硬茧，而蝶化蛹时是没有硬茧的。我们生活中看到的一些毛毛虫，往往就是蛾的幼虫。例如桑蚕，其实就是蚕蛾的幼虫。

蛾的幼虫和成虫看上去完全不一样。比如松毛虫，幼虫一节一节的，身上长着许多有毒的刺毛，喜欢爬在松树上吃树叶。当它经过化蛹，最终从硬茧中挣脱出来变为成虫后，就长出了两对翅，这样就能在空中飞行，而不用像幼虫那样爬行了。而且，蛾的成虫主要以花蜜、花粉为食，和幼虫时完全不同。

有一种有趣的蛾，名叫尺蛾。它的幼虫爬行时非常有趣：首先，它将身体前后收屈成一个"几"字形，看上去就像是一座迷你拱桥。然后，它放开头部向前伸展，等身体完全展开后，又把尾部向前收拢，再一次构成拱桥的形状。它就这样一伸一曲，慢慢朝前爬行，难怪有人形象地称之为"造桥虫"。

可是因为这些亮光都太近了，结果飞着飞着，离亮光越来越近，最后像着了魔一样绕着亮光打转。如果亮光是火，就会变成"飞蛾扑火"；如果亮光是灯，就会绕着灯不停地飞，直到飞不动为止。唉，真是没办法！

蚊

绰号：吸血针

我是一只雄蚊子，你可不要讨厌我，因为那些叮你肉、吸你血的事情都不是我干的，而是雌蚊子做的坏事。我们雄蚊了只吸植物花蜜和嫩芽里的汁液，所以都是"吃素"的。要想分辨谁是雌蚊子、谁是雄蚊子，只要看一看我们触角上的毛就知道了，触角毛又多又长的就是雄的，触角毛又少又短的是雌的。

我虽然有两对翅，不过你只看到我的前翅，因为后翅已经变成一对很小的平衡棒了。我的前翅可发达了，每秒钟可以振动几百次，所以飞行起来上下自如，左右盘旋。我飞过的时候，你会听到一阵"营营"的声音，那可不是我的叫声，而是空气振动的声音。不过，这些声音我自己可听不见。

物种档案

世界上有3 000多种不同的蚊子，大多数都能叮咬包括人在内的哺乳动物，吸取血液为食，有的还吸鸟类的血。

只有雌蚊子才吸血。它们的喙又细又长，吸血时，先用喙的前部贴紧皮肤，固定位置，然后将藏在喙中的6根螫针依次刺穿皮肤，整个喙就像一根空心的细针，人或动物的血就沿着这根细针被吸到了蚊子的肚子里。

你知道为什么被蚊子咬了以后会又痒又疼，皮肤还会起一个红肿的疙瘩吗？原来，蚊子吸血时，为了防止血液在喙管里凝固，影响持续吸取，它会一边吸血，一边分泌唾液，注入到刺破的皮肤伤口里。这种唾液中含有多种刺激性的物质，所以才会造成皮肤红肿，奇痒难忍。有些生活在热带丛林中的毒蚊子，不但吸血量大，而且其唾液中的毒性也很强，如果被它们叮咬，甚至有可能导致生命危险。

蚊子在叮咬吸血的同时，常常还会把一些疾病传播给人或鸟兽，所以是一类危害健康的害虫。减少蚊子孳生的一个重要办法，就是保持生活区域水体干净和流动，这样，依赖于水生活的蚊子幼虫孑孓就难以生存了。

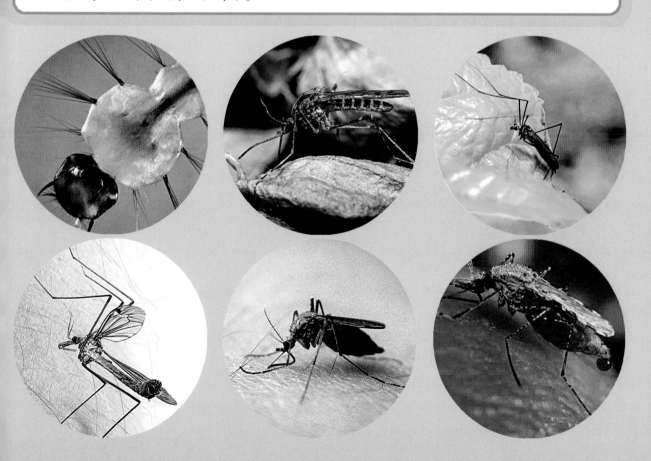

苍蝇

绰号：带菌王

　　我是一只苍蝇，不但飞行本领超强，而且嗅觉和味觉也超级厉害。

　　我的触角上有好多灵敏的嗅觉感受器，哪怕我是在飞行当中，也能一下子闻到食物的气味，这样我就能马上停下来大吃一顿了。说到我的味觉器官，那就更神奇了，它们不仅长在我的嘴上，而且在我的腿上，也长着密密麻麻的味觉毛。所以，我只要用脚碰一碰那些食物，就能知道它们是不是我的"菜"，甚至连冷热酸甜都能分清楚。

物种档案

　　全世界的蝇类有10 000多种，通常所说的苍蝇，是指与人们的日常生活有关的种类。人们习惯把蚊子、苍蝇联系在一起，不仅是因为它们都是最常见的传播疾病的害虫，而且它们确实都是属于双翅目的昆虫。

　　苍蝇的种类很多，外形和食性有所差异，但大多数苍蝇的食物都比较广泛。它们常常既喜欢香甜的食品，也喜欢寻找腐臭的粪便，或滞留在腐烂的动植物上。正是因为它们一会儿聚集在污水粪便里混迹，一会儿又飞到人们的饭菜点心上觅食，所以很容易将各种细菌传播到人们的食物和用品上，稍不注意就会因此而染上疾病。而且，苍蝇有一个习惯，就是一边吃，一边吐，一边排泄，如果有足够的食物，它十几秒钟就能排便一次呢，这也使它传播疾病的危害变得更大了。

　　苍蝇的浑身都带着细菌，光是身体表面就携带着几万个到几百万个病菌，身体里面的细菌同样有那么多。为什么苍蝇传播疾病，自己却安然无恙呢？原来，苍蝇的体内能分泌一种特殊的抗菌蛋白，具有极强的杀菌效果，可以保证自己不受感染。

　　如果遇到对胃口的食物，那我可就不客气了。我的嘴有着特殊的构造，既可以舔吸液体的食物，也可以把固体食物刮成细小的颗粒吸入，有时候也会分泌一些唾液，把食物溶解掉再吸食进去。总之，为了吃到美味的食物，我的办法可多了。

蜜蜂

绰号：爱蜜

我是勤劳的小蜜蜂，每天忙碌采花蜜。

在鲜花盛开的季节，我们整天都飞舞在花丛中采花蜜。我们一次就要采上百朵花，不过可不是自己享用，大家都会把采到的花蜜送回蜂巢，储存起来。从花丛到蜂巢，来来回回，我们每天都要飞上好几十次呢。

你问我怎么知道哪里有花蜜？其实，在我们的伙伴中，有一些特殊的"侦察蜂"，它们唯一的任务就是到处寻找蜜源——花丛。只要发现蜜源，它们就会飞回蜂巢，跳起一种神奇的"∞"字舞，如果它是头朝上飞舞的，意思就是朝着太阳飞能找到蜜源；如果头朝下飞舞，就是背着太阳的方向了。还有，如果它的肚子摇摆得越快，就说明蜜源的距离越远。按照这些侦察兵的指示，我们总是能找到蜜源所在的地方。

物种档案

　　蜜蜂是膜翅目昆虫中的一类，它的近亲有马蜂、胡蜂等各种各样的"蜂"；稍远的亲戚则包括蚂蚁等。

　　蜜蜂采集花蜜时，用细尖的嘴将花朵底部的蜜汁吸入自己的胃囊里，每一朵花只有很少的一点点花蜜，所以要采集许多朵花，才能装满胃囊。然后，它们会飞回蜂巢，将胃中的花蜜吐到一个蜂房里。虽然每只蜜蜂贡献的花蜜很少，但是成千上万只蜜蜂贡献的花蜜就很可观了。这些花蜜在潮湿温暖的蜂房里，经过一系列复杂的"酿制"过程，最终成了香甜的蜂蜜。

　　不同的蜜蜂采食花蜜的"口味"可不一样。有的只喜欢某种颜色的花，有的却只喜欢某一种植物的花。不过，蜜蜂在采蜜时，却不经意地完成了一件自然界非常重要的事，那就是传播花粉。当蜜蜂爬在一朵花上吸取花蜜时，身体会沾上不少花粉；等它飞到另一朵花上时，就会把一些花粉留下，又沾上一些新的花粉，从而完成了传播花粉的"工作"。植物在蜜蜂的帮助下，完成了花粉传播的过程，从而使农作物增产和提高质量。

蚂 蚁

绰号：迷你大力士

别看我们蚂蚁个子小，却是动物界有名的大力士！我可以拖动比自己身体重1400倍的东西，还有什么动物能有这么大的本事！

我们蚂蚁还非常团结，互相帮助。如果我发现了食物，肯定不会独吞，而是赶忙回到洞穴里招呼同伴。为了不走错路，我会在回来的路上不时地用肚子贴在地上，留下一种特殊的气味作为记号。这样，当小伙伴们一起出发去搬运食物时，就能沿着这条有气味记号的路线前进了。大家一路上寻找地上的气味时，如果朝左走发觉气味变淡了，就会连忙向右转；如果朝右前方走过头了，又会向左偏回来。所以，我们排着长队出动时，其实走的不是一条直线，而是一会儿左、一会儿右地走着小"弯路"，但因为有气味指引，所以始终不会迷路。

物种档案

　　蚂蚁属于膜翅目昆虫，全世界有15 000多种。蚂蚁是一种群居动物，一个蚁巢就可能有20多万只蚂蚁。成千上万的蚂蚁共同生活在一起，有着明确的分工，繁殖蚁专门负责繁殖后代，工蚁和兵蚁负责寻找食物，修筑蚁巢，抚育幼虫，还要抵御外敌。而且，蚂蚁和蚂蚁之间有复杂的交流方式，最常见的就是分泌出有气味的化学物质，然后彼此用细长的触角碰来碰去，好像是在传递信息或者商量对策。

　　日常生活中，我们常常可以看到一长溜蚂蚁排着队"匆匆忙忙"地出行。在大多数情况下，它们要么是发现了大量食物，正在集体"运粮"；要么就是预感到快要下雨了，赶紧把蚁巢里的食物等搬到地势比较高的地方。这时，有些蚂蚁还会拖来泥土、木屑等，搭建新的巢穴，并且赶在雨水降临前，封闭蚁巢的洞口。反过来，如果看到蚂蚁闲散地在四周活动，蚁巢的洞口也不封闭，那就说明短时间里不会下雨。所以说，蚂蚁还是一种能准确预报气象的动物呢。

图书在版编目(CIP)数据

夏日歌手:昆虫军团大揭秘/郝思军编著. — 上海:上海科学普及出版社,2017
(神奇生物世界丛书/杨雄里主编)
ISBN 978-7-5427-6945-9

Ⅰ.①夏… Ⅱ.①郝… Ⅲ.①蝉科—普及读物 Ⅳ.①Q969.36-49

中国版本图书馆CIP数据核字(2017)第 165819 号

策　　划	蒋惠雍
责任编辑	柴日奕
整体设计	费　嘉　蒋祖冲

神奇生物世界丛书
夏日歌手:昆虫军团大揭秘
郝思军 编著
上海科学普及出版社出版发行
(上海中山北路832号　邮政编码 200070)
http://www.pspsh.com

各地新华书店经销　　上海丽佳制版印刷有限公司印刷
开本 787×1092　　1/16　　印张 3　　字数 30 000
2017年7月第1版　　2017年7月第1次印刷

ISBN 978-7-5427-6945-9
定价:42.00元
本书如有缺页、错装或损坏等严重质量问题
请向出版社联系调换
联系电话:021-66613542